Solarthermie als erneuerbare Energie

Michael Stern

Bibliografische Information der Deutschen Nationalbibliothek:

Die Deutsche Nationalbibliothek verzeichnet diese Publikation in der Deutschen Nationalbibliografie; detaillierte bibliografische Daten sind im Internet über http://dnb.d-nb.de abrufbar.

ISBN: 9783346684004
Dieses Buch ist auch als E-Book erhältlich.

Hausarbeit

zum Thema

Solarthermie

Inhalt

Darstellungsverzeichnis

Abkürzungsverzeichnis

h	Stunde
kWh	Kilowattstunde
L	Liter
m²	Quadratmeter
W	Watt
°C	Grad Celsius

1   Einleitung

Im Rahmen des Moduls 3.5 Erneuerbare Energien haben wir uns ausgiebig mit verschiedensten Arten von Erneuerbaren Energien beschäftigt. Im Vordergrund standen die bekannteren Erneuerbaren Energien wie Photovoltaik und Windkraft. Darüber hinaus sind wir auch auf Geothermie, Biomasse, Gezeitenkraft und Solarthermie eingegangen und über den geplanten Netzausbau in der Bundesrepublik Deutschland. Damit wir die Erstellung und Planung von Anlagen aus Erneuerbaren Energien besser verstehen und umsetzen können, wurde eine fiktives Ausbildungszentrum während des Moduls in Namibia etabliert, welches unterschiedliche Konzepte von Erneuerbaren Energien nutzen möchte. Auf Grundlage dieses fiktiven Ausbildungszentrums wird in dieser Hausarbeit der Nutzen und die Möglichkeit einer Solarthermieanlage ebenfalls in Namibia genauer untersucht. Es soll nicht nur die Möglichkeit des Heizens, sondern auch die des Kühlens untersucht werden. Die sich daraus abgeleitete Forschungsfrage lautet:

Ist der Aufbau einer Solarthermie-Anlage in Namibia zum Heizen von Wasser bzw. Kühlen von Lebensmitteln energetisch sinnvoll?

Im Laufe dieser Hausarbeit wird zuerst auf allgemeine Begrifflichkeiten eingegangen, um dann auf die erneuerbare Energieform der Solarthermie zu schwenken. Diese wird über den aktuellen Wert für das Gesamtsegment der Erneuerbaren Energien, die benötigte Hardware (Peripherie), bis hin zu aktuellen Anwendungsmöglichkeiten untersucht. Zusätzlich wir eine Anlage für ein fiktives Beispiel in Namibia untersucht und deren Wirtschaftlichkeit betrachtet. Abschließend mündet die Arbeit in einer Reflexion und das dazugehörige Fazit.

1.1   Definition Erneuerbare Energie

Erneuerbare Energien sind so definiert, dass sie aus nachhaltigen Quellen kommen, d.h. Quellen, die nicht „aufgebraucht" werden. Dazu zählt Biomasse, Windkraft, Sonnenenergie, Wasserkraft und Erdwärme. Im Gegensatz dazu stehen die fossilen Energieformen wie Erdöl, Steinkohle, Braunkohle und Erdgas. Die zuletzt genannten werden zur Energieumwandlung verbrannt und sind somit nicht regenerativ (vgl. Agentur für Erneuerbare Energien 2019).

2   Solarthermie

Solarthermie nutzt die Energie der Sonne, um dessen Strahlung in Wärme umzuwandeln. Es wird auf einer Fläche eine bestimmte Menge an Sonneneinstrahlung aufgefangen, um diese Fläche (bevorzugt eine enthaltene Flüssigkeit wie Wasser) aufzuwärmen. Die hier betrachtete Solarthermie ist die „Nicht-konzentrierte" Solarthermie, auf großen Flächen, da diese bereits Temperaturen bis über 200°C erreichen kann (vgl. Quaschning 2011, S. 133) . Die „konzentrierte" Solarthermie dient für Lichtkollektoren, um wesentlich höhere Verwendungsgrade (z.B. für Prozesswärme) zu erzielen. Beim Wirkungsgrad der Solarthermie muss unterschieden werden zwischen dem Wirkungsgrad der Kollektoren und dem Wirkungsgrad der Anlage an sich. Abbildung 1 zeigt auf der rechten Seite den Wirkungsgrad bei Vakuumröhren und Flachkollektoren. Es ist erkenntlich, dass dieser bei ca. 80% bei 0°C Temperaturdifferenz zwischen Absorber und Außenluft ist und je nach Kollektor bis zu 60% (Vakuumröhren) respektive 40% (Flachkollektoren) bei 100°C Temperaturdifferenz abnimmt.

Abbildung 1: Wirkungsgrad Kollektoren (Wirtschaftsministerium Baden-Württemberg / ITW)

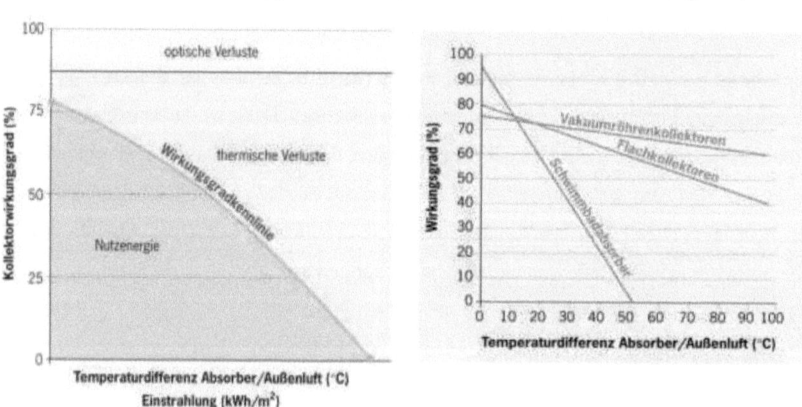

Der Wirkungsgrad der Anlage an sich hängt davon ab, wieviel Sonnenenergie ganzjährig zur Verfügung steht. Dies ist in Europa weniger als in Afrika. In Europa stellt die Sonne die Energie im Sommer am meisten zur Verfügung, wo Warmwasser für die Heizung kaum benötigt wird. Solarthermieanlagen für Warmwasser kommen somit in Europa auf ca. 50% Wirkungsgrad und Solarthermieanlagen mit Warmwasser und Heizungsunterstützung auf ca. 25 - 30% Wirkungsgrad (co2online 2018).

2.1   Entwicklung Solarthermie

Die Entstehung der Solarthermie ist schon sehr alt. Bereits in der Antike wurden Brenn- und Hohlspiegel genutzt, um Feuer zu entzünden (vgl. Solaranlage Ratgeber 2019). Auch Quaschning deutete mit der Geschichte von Archimedes um 214 v. Chr. die bereits bekannte Möglichkeit der Nutzung der Solarenergie an (Quaschning 2011, S. 85).

Der Vorläufer heutiger Solarkollektoren stammt aus dem 18. Jahrhundert von Horace-Bénédict de Saussure[1]. Ein einfacher Holzkasten mit schwarzem Boden und Glasabdeckung stellte den ersten Solar-Kollektor dar. Im inneren des Kollektors wurde eine Temperatur von 87°C gemessen (Solaranlage Ratgeber 2019). Mitte des 19. Jahrhundert griff Augustin Mouchot[2] die Untersuchungen von Saussure wieder auf und entwickelte sie bis hin zu einer Solar-Dampfmaschine weiter. Weitere Ausführungen zur Erschließung der Solarenergie (auch zur Nutzung von elektrischer Energie) wurden als unwirtschaftlich durch die französische Regierung begutachtet (Mouchot, Griese, Weber 1987).

Die Nutzung zum Heizen und darüber hinaus zum Kühlen ist erst in den letzten Jahren energetisch sinnvoller geworden.

2.2   Wert für Erneuerbare Energien

Der Wert für die Erneuerbaren Energien ist enorm. Die Abbildung des globalen Energieszenarios (Agentur für Erneuerbare Energien 2011, S. 32 Abb. 23), macht deutlich, um wie viel die Nutzung der Sonnenenergie bis zum Jahre 2100 steigen wird. Es ist hier nicht nur die elektrische Energie, sondern auch die Wärmeenergie inbegriffen. Darüber hinaus wird auch ersichtlich, dass die fossilen Brennstoffe, die nicht zu den Erneuerbaren Energieformen gehören, sukzessive abnehmen werden. Dies ist sicherlich auch den Umstand geschuldet, dass diese endlich sind und die Menschen nach und nach dazu übergehen müssen, die Erneuerbaren Energien noch mehr als jetzt schon zu nutzen. Abgesehen davon ist es aus Sicht der weltweiten Klimaerwärmung schon jetzt elementar, die alten Energieträger abzulösen und nahezu 100% aus ökologischer Energie für den Verbrauch zur Verfügung zu stellen.

---

[1] Genfer Naturforscher
[2] französischer Gymnasiallehrer für Mathematik

Die Abbildung der Entwicklung des Endenergieverbrauchs der privaten Haushalte (AG Energiebilanzen 2018) bildet die historische Entwicklung des Endenergieverbrauchs der privaten Haushalte von 1990 bis 2016 ab. Auch hier ist deutlich zu sehen, dass der hellgrün gefärbte Anteil (Erneuerbare Wärme) sukzessive ansteigt. Es ist auch weiterhin damit zu rechnen, dass diese Art der Wärme für Privathaushalte eine kostengünstige Alternative als die fossilen Brennstoffe darstellt. Es sei hier auch darauf hingewiesen, dass die Bundesrepublik Deutschland das Heizen mit Solarthermie für Privathaushalte, Gewerbe und öffentlichen Institutionen stark fördert (co2online 2017a). So kann über die ursprüngliche Basisförderung hinaus auch die Innovationsförderung, die Kombinationsförderung (z.B. mit Wärmepumpe), der Wärmenetzbonus und noch andere zusätzliche Boni gefördert werden. Grundsätzlich wird folgende Solarthermie-Nutzung gefördert:

- Anlagen für die ausschließliche Warmwasserbereitung
- Anlagen für die ausschließliche Heizungsunterstützung
- Anlagen für die kombinierte Warmwasserbereitung und Heizungsunterstützung
- Anlagen zur solaren Kälteerzeugung
- Anlagen zur Erzeugung von Prozesswärme
- Erweiterung von Anlagen um bis zu 40 m² Kollektorfläche
- Gleichzeitiger Einbau eines Gas- oder Öl-Brennwertkessels
- Anschluss der Anlage an ein Wärmenetz
- Optimierung des Heizsystems

Es lässt sich festhalten, dass der Wert für die Erneuerbaren Energien insgesamt sehr groß zu sein scheint, da Sonnenenergie „fast" unbegrenzt (zumindest noch eine sehr lange Zeit) zur Verfügung steht und keinen CO_2 Ausstoß verursacht.

2.3   Aktuelle Anwendungsmöglichkeiten

Die Anwendungsmöglichkeiten innerhalb der Solarthermie sind vielfältig. In erster Linie dient die Nutzung der Sonnenwärme zum Heizen von Flüssigkeiten respektive der Warmwasserzubereitung entweder zur Nutzung zum Duschen / Baden oder die Warmwasserzubereitung zum Heizen von Räumen bzw. Gebäuden. Je nach Größe der Gebäudefläche kann die Solarthermie auch unterstützend für die vorhandene Heizungsanlage erworben werden. Öffentliche Schwimmbäder nutzen die Möglichkeit der Solarthermie, um das Wasser auf eine bestimmte Temperatur zu bringen und um Heizkosten zu sparen. Mit „konzentrierter" Solarthermie ist die Erzeugung für Prozesswärme möglich. Eine weitere Möglichkeit ist die Nutzung der Solarthermie zum Kühlen von Speisen oder Medikamenten in warmen Gebieten (z.B. Afrika). Eine Dezentralisierung der Solarthermieanlage, um mehrere Wohneinheiten zu heizen ist ebenfalls eine Option.

2.4 Benötigte Peripherie (Hardware)

Die einzelnen Komponenten für den Aufbau einer Anlage für die Solarthermie werden in diesem Kapitel näher erläutert.

2.4.1 Kollektoren

Bei den Kollektoren wird zwischen Flachkollektoren, Vakuumröhrenkollektor und Speicherkollektoren unterschieden. Letztere dienen der direkten Speicherung des erwärmten Wassers ohne ein externes Speichersystem. Das Problem bei diesen Kollektoren ist die niedrige Temperatur im Winter. Dies kann dazu führen, dass das Wasser gefriert und die Kollektoren nicht verwendet werden können.

Flachkollektoren sind die am meisten verbauten Kollektoren in Europa. Dies liegt auf der einen Seite an den günstigen Konditionen aber auch an den Umstand, dass die Temperaturdifferenz zwischen Absorber und Außenluft geringer ist als z.B. in Afrika. Daraus resultiert, dass der Wirkungsgrad (s. Kapitel 2, Abb. 1) zwischen Flach- und Vakuumröhrenkollektoren marginal unterschiedlich ist (in Europa). Sie setzen sich aus einem Gehäuse, einer transparenten Abdeckung und dem Absorber zusammen. Die Wärme wird vom Absorber an das Wasser, welches in Rohren durch den Absorber fließt, abgegeben. Die Abbildung Vorgänge in einem Flachkollektor (Quaschning 2011, S. 101, Bild 3.15) zeigt detailliert die einzelnen Vorgänge. Zu erkennen ist, dass die Kollektoren so aufzustellen sind, dass die Sonne direkt einstrahlen kann (30-35° Neigung). Wärmeverluste entstehen auf der Glasscheibe durch Absorption und Reflexion, sowie am Absorber selbst. Die Nutzleistung hängt also auch mit den verwendeten Materialen zusammen (vgl. Quaschning 2011, S. 98 ff.).

Die Wärmeverluste, die durch Konvektion (Luftbewegungen) auftreten, können deutlich reduziert werden, indem ein Vakuum verwendet wird. Dieses Prinzip macht sich der

Vakuumröhrenkollektor zu nutze. Bei diesen gibt es zwei unterschiedliche Bauformen: Heatpipe und durchgehenden Wärmeträgerrohr.

Bei der Heatpipe wird eine temperaturempfindliche Flüssigkeit im Vakuumrohr erhitzt, so dass diese aufsteigen kann, um die Wärme an die Trägerflüssigkeit (bspw. Wasser) abzugeben. Danach kondensiert die temperaturabhängige Flüssigkeit und läuft zurück in den vom Vakuum umgebenden Kollektor (Quaschning 2011, S 105, Bild 3.19, Aufbau und Funktionsprinzip des Vakuumröhrenkollektors).

Bei der Version mit dem durchlaufenden „Wärmeträgerrohr läuft die Wärmeträgerflüssigkeit direkt durch den Kollektor." (Quaschning 2011, S. 105).

Das Vakuum lässt sich nicht ewig aufrecht erhalten, so dass einzelne Röhren nach einer gewissen Nutzungszeit getauscht werden müssen. Die Anschaffungskosten der Vakuumröhrenkollektoren sind höher als bei Flachkollektoren, jedoch ist die Wartung durch das Tauschen einzelner Röhren günstiger als bei Flachkollektoren. Dort kann nur der ganze Kollektor getauscht werden. Vakuumröhrenkollektoren verbrauchen bei gleicher Leistung weniger Grundfläche, was der Effektivität des Vakuums geschuldet ist.

2.4.2 Speicher

Beim Speicher sind ebenfalls verschiedene Speichermöglichkeiten zu unterscheiden. Der Trinkwasserspeicher wird zur Warmwasserverwendung, d.h. Kochen, Baden oder Duschen, benutzt. Dieser fasst ca. 300 – 500 Liter und wird oft in Einfamilienhäusern eingebaut.

Der Pufferspeicher wird genutzt, wenn Wärme gespeichert werden soll, um diese auch zu späteren Zeitpunkten zur Verfügung zu stellen. Zum Beispiel wird Tagsüber die Wärme gepuffert, um auch nachts die Heizung damit betreiben zu können. Dieser Speicher dient vornehmlich zur Unterstützung (oder komplett) dem Heizen. Er fasst zwischen 750 – 1500 Liter für ein Einfamilienhaus.

Die Kombispeicher vereinen alle Speicher in sich und sind eine platzsparende Alternative. „Sie sind Wärmespeicher für die Solarthermieanlage, Puffer für den Heizkessel und dienen zur Erwärmung des Trinkwassers." (co2online 2017b).

2.4.3 Wärmetauscher

Bei Solarthermieanlagen sind zwei Kreisläufe mit Flüssigkeiten vorhanden. Der eine Kreislauf besteht aus Wasser[3] mit einem Zusatzstoff (meistens Frostschutzmittel). Dieser Kreislauf dient dem Aufnehmen der Wärme im Kollektor. Das Frostschutzmittel dient dem nicht Einfrieren und der besseren Wärmeaufnahme. Im Wärmetauscher wird die aufgenommene Wärme vom „Solarkreislauf" mit dem „Nutzwasser", also dem Wasser zum Kochen oder Baden (Trinkwasserkreislauf), ausgetauscht. Der Wärmetauscher kann direkt im Solarspeicher vorhanden sein (interne Wärmetauscher) oder sich an den Zuleitungsrohren befinden (externe Wärmetauscher). Bei der internen Variante kann es ab einer gewissen Laufzeit zu Verkalkungsproblemen führen, dafür ist sie jedoch kostengünstiger (vgl. co2online 2017b).

2.4.4 Solarregler

Der Solarregler steuert den gesamten Kreislauf. Er kontrolliert permanent die Temperatur im Kollektor und die Temperatur im Speicher. Bei einer Differenz von ca. 4-8°C signalisiert er der Pumpe, dass das Wasser aus dem Kollektor zum Wärmetauscher transportiert werden muss, um die höhere Wärme dem Nutzkreislauf zuzuführen. Ist die Temperatur im Speicher höher als die im Kollektor, wird die Pumpe wieder abgeschaltet.

2.4.5 Ausdehnungsgefäß

Dieses Gefäß ist am Solarkreislauf angeschlossen und dient der Solarflüssigkeit zum Ausdehnen durch die Hitze. Es soll verhindern, dass Leitungen bzw. Rohre beschädigt werden.

2.5 Heizen mit Solarthermie

Der größte Nutzen einer solarthermischen Anlage wird beim kombinierten Heizen mit Warmwasserzubereitung erzielt. Dies liegt vor allem daran, dass ein größerer Wärmespeicher verbaut wird und dieser somit länger die Wärmeenergie speichern kann. Soll die Anlage Heizung und Warmwasserzubereitung unterstützen, wird ein Kombispeicher benötigt, da insgesamt drei verschiedene Wasserkreisläufe vorhanden sind (Heizwasser, Trinkwasser und Solarkreislauf).

---

[3] Bei manchen Händlern wird das Wort „Solarflüssigkeit" genutzt.

In Mitteleuropa werden die Anlagen für die Solarthermie so dimensioniert, dass diese unterstützend für die reguläre Heizung wirkt. Im Frühjahr und im Herbst kann der Heizbedarf größtenteils durch die Sonnenenergie gedeckt werden (im Sommer ebenfalls, jedoch ist da nur die Warmwasserzubereitung interessant; nicht das Heizen) (vgl. Quaschning 2011, S. 94f.). Im Winter ist es nicht mehr möglich die benötigte Energie durch die Sonne aufzubringen, so dass die reguläre Heizungsanlage die benötigte Wärmeenergie zur Verfügung stellt.

Quaschning führt ebenfalls aus, dass es möglich sei „den kompletten Heizenergiebedarf durch die Sonne zu decken. Hierzu ist dann ein **saisonaler Speicher** nötig, der Heizwärme vom Sommer für den Winter einlagert." (Quaschning 2011, S. 95). Dieser Speicher wird als saisonaler Speicher betitelt und ist ein Schichtspeicher, um Verwirbelungen zwischen dem kalten und dem warmen Wasser zu vermeiden. Er macht sich die Physik zu Nutze, indem der Speicher durch verschiedene Schichten wesentlich länger die Wärme hält, da die Wärme sukzessive nach oben steigt. Der Speicher muss jedoch viel größer sein, um die Wärme sehr lange halten zu können und aus rein ökonomischen Gründen werden solche Systeme in Einfamilienhäuser nicht verbaut. Darüber hinaus müssen der Kessel und das Haus optimal gedämmt sein, was meistens nicht der Fall ist.

Es sei hier die Möglichkeit der Dezentralisierung der Heizungsanlage mit mehreren Parteien genannt. So könnte in einen neu zu erschließendem Wohngebiet (z.B. mehrere Einfamilienhäuser), ein noch größer dimensionierter saisonaler Speicher realisiert werden (vgl. Fisch 1998, S. 81 Abb. 7, Systemschema der Solaranlage mit Langzeit-Wärmespeicher).

Die Vorteile einer großen solarthermischen Anlage mit vielen Nutzern ist die Verteilung der Kosten, die größere Fläche für die Solarkollektoren (mehrere Dächer stehen zur Verfügung) und das Nutzen der Solarwärme auch über die Wintermonate hinaus (großer saisonaler Schichtenspeicher).

2.6   Kühlen mit Solarthermie

Die solare Kühlung ist eine Möglichkeit Gebäude oder kleine Räumlichkeiten zu kühlen. Der Nutzen geht dabei über das Klimatisieren von Räumen hinaus. Beispielsweise können auch solare Kühlschränke stromlos betrieben werden. Die Firma „coolar" hat es sich zur Aufgabe gemacht, Kühlschränke für medizinische Zwecke in sehr warmen Ländern zu konzipieren (vgl.

coolar 2019), um Impfstoff (oder andere medizinische Materialien) ordnungsgemäß kühlen zu können.

Die Kühlung mit Hilfe von Solarenergie unterliegt dem Vorgang der Verdunstungskühlung. Die Verdunstung einer Flüssigkeit benötigt Energie, die der Flüssigkeit entzogen wird und somit zu einer Abkühlung führt. Der haushaltsübliche Kühlschrank funktioniert nach diesen physikalischen Gesetzen. Die Umwandlung einer Flüssigkeit von flüssig zu gasförmig wird mit Hilfe eines Kompressors und eines Verdampfers erzielt. Bei dieser Umwandlung wird die Wärme im Innenraum absorbiert und der Innenraum kühlt ab. Die entzogene Wärme wird an den Kühlrippen auf der Rückseite des Kühlschranks abgegeben. Die Rückwandlung des Kältemittels von gasförmig zu flüssig wird durch einen Kondensator gewährleistet (vgl. Weyres-Borchert 2011).

Es wird ein Kreislauf benötigt, der eine Flüssigkeit verdampfen lässt, um Wärme gezielt zu entziehen und diesen Dampf wieder verflüssigt, um ein geschlossenes System für eine solare Kühlung zu etablieren. Ein möglicher Aufbau für ein Kühlsystem mit Solarthermie ist in Quaschning 2011, S. 98, Bild 3.11 dargestellt. Die Flüssigkeit zum Kühlen (das Kühlmittel), besteht aus einem Element, welches leicht sieden kann. Der Siedepunkt von Wasser liegt bei 100°C und könnte mit starkem Unterdruck auf 22°C gedrückt werden (vgl. Weyres-Borchert 2011). Dies ist allerdings aufwendig, so dass meistens ein zusätzliches Element im Wasser gelöst wird, wie zum Beispiel Ammoniak.

Im **Verdampfer** siedet das Kältemittel (Ammoniak), so dass dem Kühlsystem durch den Vorgang des Siedens Wärme entzogen wird. Es kühlt ab. Im **Absorber** muss der Kältemitteldampf wieder mit Wasser vermischt werden, damit immer eine gleichbleibende Lösung zum Kühlen zur Verfügung steht und es transportiert werden kann. Dabei wird Wärme freigesetzt, die entweder zum Heizen oder der Warmwasserzubereitung genutzt werden kann. In diesem Beispiel wird die Abwärme einem Kühlturm zugeführt. Die angereicherte Flüssigkeit wird dem **Austreiber** zugeführt, um das Kältemittel vom Wasser mit Hilde des Siedens zu trennen (unterschiedliche Siedetemperaturen). Im **Kondensator** ist das Kältemittel wieder dampfförmig und wird verflüssigt. Es entsteht wieder Abwärme, die genutzt werden kann. Das Kältemittel liegt nun wieder flüssig vor und kann dem **Verdampfer** zugeführt werden. Der Kreislauf ist geschlossen (vgl. Quaschning 2011, S. 95).

2.7 Erweiterungen der Solarthermie (mit Wärmepumpen)

Im Kapitel „2.5 Heizen mit Solarthermie" wurde bereits darauf eingegangen, dass es für Einfamilienhäuser in Mitteleuropa ökonomisch nicht sinnvoll ist, einen saisonalen Speicher zu betreiben. Dennoch kann die Solarthermieanlage erweitert werden, so dass die Möglichkeit besteht, auch in den Wintermonaten die reguläre Heizung zu entlasten beziehungsweise durch andere Formen der Erneuerbaren Energien zu ersetzen.

Eine Wärmepumpe entzieht der Umgebung (Luft, Erdreich oder Wasser) die Wärmeenergie und speichert diese in einer Flüssigkeit. Die Flüssigkeit wird verdampft, damit der Dampf verdichtet werden kann. Beim Verdichten des Dampfs wird dieser sehr heiß, so dass damit z.B. geheizt werden kann. Der heiße Dampf wird dann wieder verflüssigt, damit der Kreislauf geschlossen ist (vgl. Pöhl). Die Wärmepumpenanlage spielt ihre Stärke vor allem in den Wintermonaten aus, denn die Wärme im Erdreich ist auch bei Minusgraden nahezu konstant. Auch bei der Luftwärmepumpe ist diese bis -20°C Lufttemperatur wirtschaftlich rentabel (vgl. Viessmann 2019).

3 Fallbeispiel Namibia (fiktiv)

Es soll eine Solarthermieanlage in Namibia geplant werden, um daran Facharbeiter vor Ort auszubilden (verbreiten von Wissen) und um die nutzbare Wärmeenergie für die dort lebenden Menschen zur Verfügung zu stellen. In diesem fiktiven Beispiel soll das Ausbildungszentrum in der Hauptstadt Windhoek aufgebaut werden. Die Solarthermieanlage soll für eine Familie (Mutter, Vater und zwei Kinder) ausreichend dimensioniert sein. Die Wohnfläche beträgt ca. 120qm².

Die Jahresdurchschnittstemperatur in Windhoek beträgt 19-20°C, die durchschnittliche Sonnenscheindauer beträgt 9-10 Stunden. Die Sonneneinstrahlung beträgt durchschnittlich 6-6,2 kWh pro m² je Tag (vgl. Universität Köln 2002). Die Angabe der Sonneneinstrahlung ist in kWh/m² je Tag angegeben. Diese Angabe dient der Ermittlung der Jahreseinstrahlung im Durchschnitt. Die Einstrahlleistung der nutzbaren Sonnenenergie wird in W/m² angegeben. Die Einstrahlleistung ist der Wert, der zum Berechnen der zu erwartenden Leistung einer Anlage benötigt wird (vgl. wikipedia.org 2019).

Die durchschnittliche Jahressumme der Globalstrahlung der Sonne in Deutschland beträgt 900-1.200 kWh/m². Daraus resultiert eine Einstrahlleistung von 100-137 W/m². Berechnet wird die Einstrahlleistung am Beispiel Deutschlands wie folgt:

$$Einstrahlleistung \; = \; \frac{Globalstrahlung \; pro \; Jahr}{Jahresstunden} = \frac{1.200.000 \, Wh}{8760 \, h \cdot m^2} \approx 137 \, \frac{W}{m^2}$$

In Windhoek beträgt die jährliche globale Sonneneinstrahlung 2.190-2.236 kWh/m² (vgl. Universität Köln, 2002, Average Values of solar radiation in Namibia). Dies entspricht einer Einstrahlleistung von 250-255 W/m². Die zu erwartende Einstrahlleistung pro Quadratmeter ist ca. 1,8-mal so hoch als es in Deutschland der Fall ist.

Vergleichen wir die durchschnittlichen Sonnenstunden von Deutschland mit Namibia, kommt ebenfalls eine ca. 1,8-mal so hohe Einstrahlleistung heraus. Dies bestätigt vorherige Rechnung. Deutschland hatte im Jahr 2018 ca. 2.020 Sonnenstunden (statista 2018a). Namibia kommt im Jahresdurchschnitt auf 3.650 Sonnenstunden (vgl. Universität Köln 2002). Daraus folgt:

$$\frac{3.650 \, h}{2.020 \, h} \approx 1,8.$$

3.1   Technische Realisierung

Bei der Auswahl der Peripherie ist es wichtig, die Temperatur des Ortes zu beachten. Die jährliche Durchschnittstemperatur in Deutschland betrug 2018 10,4°C (statista 2018b). In Namibia beträgt die Jahresdurchschnittstemperatur 20°C. Abbildung 1 zeigt den Wirkungsgrad der Solarkollektoren. Die Temperaturdifferenz zwischen dem Absorber und der Außenluft ist in Namibia sehr hoch auf Grund der wesentlich höheren Außentemperaturen. Es ergibt Sinn, das Ausbildungszentrum mit Vakuumröhrenkollektoren zu betreiben, da der Wirkungsgrad bei hohen Temperaturen wesentlich besser ist. Davon abgesehen können bei diesen Kollektoren, wie bereits angesprochen, einzelne Röhren getauscht werden, was die Langlebigkeit für ein Ausbildungszentrum (neue Facharbeiter sollen die Technik kontinuierlich erlernen) erhöht. Der Anschluss von Flachkollektoren ist beim Ausbildungszentrum nicht zwingend nötig, da diese genau wie Vakuumröhrenkollektoren an die Solarthermieanlage angeschlossen werden. Der Unterschied ist innerhalb des Austauschs begründet. Der Austausch bei Vakuumröhrenkollektoren ist komplexer, daher ergibt es Sinn, diese zu verbauen. Flachkollektoren werden komplett ersetzt, was kein zusätzliches Lernen benötigt. Der Einbau von neuen Flachkollektoren ist somit äquivalent zur Wartung (Ausbau und Austausch). Bei

Vakuumröhrenkollektoren ist der Einbau neuer Kollektoren anders als die Wartung (Austausch einzelner Röhren).

Der Speicher, der genutzt werden sollte, ist ein Kombispeicher. Die Menschen, die auf dem Gelände des Ausbildungszentrums leben, sollen Warmwasser zum Waschen und Kochen haben und die Möglichkeit damit zu Heizen.

Es ist nötig, drei verschiedene Kreisläufe zu betreiben (Heizwasser, Trinkwasser und Solarkreislauf), da sich in den kältesten Monaten in Namibia die Temperaturen nachts bis zum Gefrierpunkt abkühlen. Der Solarkreislauf muss daher mit speziellen Zusatzstoffen (Frostschutzmittel) betrieben werden.

Die Effektivität der Kollektorfläche ist abhängig von der Nutzung (wie viel Wasser wird pro Tag benötigt) und anderseits von der Fläche, die zur Nutzung für die Kollektoren zur Verfügung steht. Der Bedarf für Mitteleuropa beträgt für eine Warmwasserunterstützung bei einem Verbrauch von 30 Litern pro Person und einem vier Familienhaushalt (mind. 60°C, zur Abtötung von Bakterien im Wasser) ca. 300 Liter Speichervolumen und 3m² Vakuumröhrenkollektor (vgl. Viessmann 2018). Der Bedarf für Heizungsunterstützung bei einem Einfamilienhaus beträgt für ein vier Familienhaushalt in Mitteleuropa 120 Liter mit einem Speichervolumen von 750-950 Litern und einer Vakuumröhrenkollektorfläche von 6m² (vgl. Viessmann 2018). Diese Zahlen decken sich mit denen der verbraucherzentrale.de, die für eine Heizungsunterstützung ca. 0,5m² Vakuumflachkollektorfläche pro 10m² Wohnfläche angibt (vgl. Verbraucherzentrale 2018). Die Firma Viessmann benennt ebenfalls eine Faustregel zur Auslegung der Speichergröße und der Kollektorfläche: „Ist die Kollektorfläche zwischen Südost und Südwest ausgerichtet, können pro 100 Liter Speichervolumen 1,5m² Flachkollektor- oder 1,0m² Röhrenkollektorfläche angenommen werden." (Viessmann 2018).

Daraus resultiert, ein vier Familienhaushalt benötigt für die Heizungs- und Warmwasserunterstützung einen ca. 1.000 Liter Speicher und eine Vakuumröhrenkollektorfläche von 9m². Obwohl diese Zahlen für die Globale Sonneneinstrahlung in Mitteleuropa gelten, kann diese Dimension auch in Namibia etabliert werden. Der Vorteil bei derselben Dimensionierung ist, dass die Effektivität um bis zu 1,8-fach erhöht ist (vgl. Kapitel 3). Bei der technischen Realisierung ist darauf zu achten, dass die reine Absorberfläche (Nettofläche) 9m² groß sein muss. Dies ist die Fläche, die effektiv die Wärme auffängt und nutzbar macht.

3.2 Realisierungskosten

Nicht alle Anbieter geben Preise auf ihren Internetseiten bekannt, so dass hier auf einen Vertreiber von verschiedenen Anbietern zurückgegriffen wurde (ofenseite.com). Wichtig ist hier der Unterschied von kostengünstigen und kostenintensiven Kollektoren. Die günstigeren Vakuumröhrenkollektoren sind meistens von den Ausmaßen her größer (Absorberfläche ist wesentlich kleiner als die Gesamtfläche). Da 9m² Nettofläche erreicht werden müssen ist zu entscheiden, ob die Kollektoren weit transportiert werden müssen oder Vor-Ort bezogen werden könnten (Lieferkosten durch Anzahl und Gewicht). Bei Ersteren könnte es insgesamt günstiger sein teurere Kollektoren zu kaufen, da es insgesamt weniger Gewicht zu transportieren gibt. Können Kollektoren nahe des Aufbauorts bezogen werden, könnten es insgesamt günstiger sein, die preislich günstigeren zu erwerben. Ein weiteres Kriterium ist, das zur Verfügung stehende Dach (Platzangebot). Wenn dieses nicht groß genug ist, müssen teurere Kollektoren auf Grund des weniger benötigten Platzes gekauft werden.

Eine Nettofläche von 4,38m² Vakuumflachkollektoren (drei Kollektoren mit je 18 Röhren) von Westech-Solar WT-B58-18 inkl. allen benötigten Zubehörs zum Anschließen und Verschrauben, eines Frostschutzmittels und einen Solarregler kosten ca. 2.000 € (ofenseite.com 2019a). Die Absorberfläche beträgt pro Kollektor 1,46m². Dies bedeutet, es werden 2 Pakete á drei Kollektoren benötigt ($9m^2 : 1{,}46m^2 = 6{,}16\ Kollektoren$). Der Preis der Kollektoren wäre somit 4.000 €, da im Paket jeweils 3 Kollektoren enthalten sind.

Bei den technischen Daten des Kollektors ist angegeben, dass dieser 730 kW/m² im Jahr an Ertrag erbringt und bis -35°C betrieben werden kann. Das bedeutet, dass der Kollektor pro m² einen Ertrag von ungefähr 83 W/m² besitzt ($730.000 \frac{W}{m^2} : 8760h = 83 \frac{W}{m^2}$). Dies ist nur 1/3 der Einstrahlleistung pro m² in Windhoek (vgl. Kapitel 3). Der Kollektor ist in der Lage die Strahlung aufzunehmen und nicht überdimensioniert.

Ein Kombispeicher von Flamco mit dem Volumen von 1.000 Litern inkl. Wärmetauscher kostet 1.549 € (vgl. ofenseite.com 2019b). Bei diesem Kombispeicher sind 215 Liter für Nutzwasser reserviert. Das bedeutet, es sind 35 Liter Reserve vorhanden, da für vier Personen im Durchschnitt nur 180 Liter benötigt werden. Ein Solarregler kostet 329 € (ofenseite.com 2019c). Leitungen für Nutzwasser kosten pro laufendem Meter ca. 25 €. Normale Leitungen wurden mit 10 € pro Meter angenommen. Für den Einbau können ca. 25% der Gesamtkosten veranschlagt werden.

Zusammengefasst stellen sich die Realisierungskosten wie folgt dar:

- Vakuumröhrenkollektoren 9m² (Paket) inkl. Solarregler   4.000 €
- Kombispeicher 1.000 L inkl. Wärmetauscher   1.549 €
- Leitungen Nutzwasser (insgesamt ca. 15m)   375 €
- Leitungen Solarkreislauf / Heizwasser (insg. 50m)   500 €
- Befestigungen (12x Dachhaken)   100 €

Die Peripherie kostet insgesamt ca. 6.500 Euro. Berechnen wir die Einbaukosten dazu (25%), kostet die Anlage ungefähr 8.125 Euro. Die Gesamtfläche der Kollektoren sind 18m², wobei ungefähr 9m² reine Absorberfläche sind.

Betrachten wir nun die höherwertigeren Vakuumröhrenkollektoren Westech-Solar WT-B58-30, die 30 Röhren pro Kollektor besitzen. Diese Kollektoren haben eine Nettoabsorberfläche von 2,3m². Es werden dadurch vier Kollektoren benötigt ($9m^2 : 2,3m^2 \approx 4\ Kollektoren$). Der Preis eines Kollektors beläuft sich auf 814 €. Insgesamt kosten vier Kollektoren 3.256 €. Die Gesamtfläche des Kollektors beträgt 5,05m², was bedeutet, dass 20,2m² an Dachfläche benötigt werden. Es ist anzumerken, dass die Peripherie anders wie im ersten Beispiel zusätzlich gekauft werden muss, so dass folgende Preisstaffel entsteht:

- Vakuumröhrenkollektoren 9m² (vier Stück)   3.256 €
- Kombispeicher 1.000 L inkl. Wärmetauscher   1.549 €
- Solarregler   329 €
- Leitungen Nutzwasser (insgesamt ca. 15m)   375 €
- Leitungen Solarkreislauf / Heizwasser (insg. 50m)   500 €
- Befestigungen (24x Dachhaken)   200 €
- Ausdehnungsgefäß (35 Liter)   65 €
- Temperaturdifferenzsteuerung   129 €
- Verbindungsstücke   100 €
- Forstschutzmittel (Solarflüssigkeit)   40 €

Der Gesamtpreis der höherwertigen Vakuumröhrenkollektoren beläuft sich auf ca. 6.550 €. Berechnen wir die 25% Einbaukosten hinzu, kostet es insgesamt ca. 8.200 €.

Es fällt auf, dass die vermeintlich höherwertigen Kollektoren etwas mehr Platz benötigen bei derselben Absorberfläche von 9m². Die Kosten sind in diesem Fall fast gleich.

Es sei hier darauf hingewiesen, dass die Kosten stark von den Kollektoren und dem Speicher abhängig sind. Die dimensionierte Größe ist auch gem. der Faustformel der BAFA (Bundesamt für Wirtschaft und Ausfuhrkontrolle) korrekt berücksichtigt (vgl. co2online 2019). Es wird dort ebenfalls von einer Kollektorfläche von ca. 2m² pro Person ausgegangen und ein Mindestspeichervolumen von 50 Litern pro m² Kollektorfläche (bei Heizungs- und Warmwasserunterstützung).

3.3   Wirtschaftlichkeit

Ein vier Personenhaushalt benötigt in Deutschland für Warmwasserzubereitung inkl. Heizung ca. 17.000 kWh pro Jahr für eine Wohnfläche im Haus von 120m². Dies ist mit Namibia nicht vergleichbar, denn die meiste Energie wird in Deutschland für das Heizen benötigt. In Namibia herrscht eine wesentlich höhere Temperatur, so dass die meiste Energie für die Warmwasserzubereitung genutzt werden kann und die Effizienz einer Solarthermieanlage wesentlich besser ist, da weniger Energie an sich benötigt wird.

Die globale Sonnenenergie, die auf die 9m² Nettofläche der Kollektoren pro Jahr auftrifft, beträgt 19.710-20.124 kWh (vgl. Kapitel 3). Die Kollektoren können diese Energie jedoch durch Verluste nicht komplett umsetzen, so dass ca. 1/3 der Energie aufgenommen werden kann (730 kW/m² im Jahr). Insgesamt könnten von der Anlage 6.570 kWh pro Jahr aufgenommen werden ($730kWh \cdot 9m^2 = 6.570kWh$). Damit ist der Bedarf einer vierköpfigen Familie in Namibia zu 100% gedeckt.

Die Firma Valentin Software GmbH stellt einen Solarthermie Rechner im Internet zur Verfügung. Bei den angegeben Daten von einer Kollektorfläche von 9m², einen vier Personenhaushalt, Namibia (Windhoek), einem Speicher von 1000 Litern, einer Nutztemperatur von 60°C und einer Dachneigung von 0°[4], kommt ebenfalls ein Deckungsanteil von 100% heraus (vgl. valentin Software GmbH). Bei der Software werden Durchschnittswerte der Ertragsleistung angenommen, weshalb diese nur ein Richtungshinweis sein kann. In diesem Fall allerdings diente sie der Überprüfung der Betrachtung und Berechnung.

Zur Berechnung der Wirtschaftlichkeit wird angenommen, dass eine vierköpfige Familie einen jährlichen Verbrauch für Heizung und Warmwasserzubereitung von ca. 6.000 kWh pro Jahr in

---

[4] Namibia liegt sehr nahe am Äquator, so dass die Kollektoren nicht geneigt werden müssen. 0° ist eine direkte Sonneneinstrahlung. In Mitteleuropa beträgt die Dachneigung meistens zwischen 30-35°, um eine direkte Sonnenbestrahlung zu erhalten.

Namibia benötigt. Gemäß der Deutschen Industrie und Handelskammer für das südliche Afrika ist der Primärenergieverbrauch in Namibia Erdöl (vgl. DIHK für das südliche Afrika 2017). Der Heizwert von Erdöl beträgt 9,8 kWh/l (vgl. Kesselheld GmbH).

Es werden somit 612 Liter Erdöl im Jahr benötigt, um den jährlichen Energiebedarf von 6.000 kWh zu decken ($6.000 kWh : 9,8 \frac{kW}{l} = 612 l$). Der aktuelle Preis pro Barrel (159 Liter) liegt bei ca. 58 € (Stand 08.03.2019). Ein Liter Erdöl kostet ca. 0,37 €. Hinzu kommen noch Steuern, die nicht ermittelt werden konnten. Die Kosten für die Familie betragen jährlich (ohne Steuern) 226 €, um den jährlichen Energiebedarf zu decken. Die Steuerpolitik in Namibia ist leider nicht bekannt, weshalb der Steuersatz von Deutschland (Energiesteuer und Mehrwehrsteuer) zur Berechnung für Heizölpreise herangezogen wird. Dieser entspricht 14% als Energiesteuer und 19% Mehrwertsteuer auf den Preis mit Energiesteuer (vgl. shell).

Der Endpreis pro Liter Erdöl beträgt mit Steuer 0,5 € ($0,37€ \cdot 1,14 \cdot 1,19 = 0,5€$). Insgesamt wäre dies ein jährlicher Kostenfaktor von ca. 307 € (mit fiktiven Steuern).

Die Anschaffungskosten der Solarthermieanlage beträgt 8.200 €. Rechnen wir die jährlichen Kosten des Öls (ohne Steuern) dagegen, würde die Solarthermieanlage 36 Jahre benötigen, um sich zu amortisieren. Mit den angenommenen Steuersätzen aus Deutschland, würde die Anlage 26 Jahre benötigen bis sie wirtschaftlich rentabel ist.

4   Reflexion und Fazit

Ausgehend von der eingänglichen Fragestellung: *„Ist der Aufbau einer Solarthermie-Anlage in Namibia zum Heizen von Wasser bzw. Kühlen von Lebensmitteln energetisch sinnvoll?“*, kann diese mit einem klaren Ja beantwortet werden. Es ist möglich, den gesamten Bedarf der Heizung und den Verbrauch von warmem Wasser für Familien auf Grund der klimatischen Bedingungen in Namibia zu decken. Dimensioniert man die Kollektorfläche etwas großzügiger ist das Kühlen von Lebensmitteln in einem Kühlschrank ebenfalls möglich und somit sehr effektiv.

Die ökonomische Betrachtung fällt dagegen etwas anders aus. Die jährlichen Kosten zum Heizen mit Erdöl sind in Namibia mit ca. 300 € günstig, so dass die Solarthermieanlage mehrere Jahrzehnte benötigt, bis diese sich amortisiert hat. Beachten wir allerdings, dass das Jahresdurchschnittseinkommen sehr gering ist, so sind 300 € sehr viel Geld. In Anbetracht der Tatsache, dass fossile Brennstoffe endlich sind, wird der Preis dieser und damit der Preis zum Heizen und der Warmwasserzubereitung in Zukunft steigen. Der frühzeitige Umstieg auf die Solarthermie ist eine sehr gute Alternative für die Einwohner und eine lohnende Investition in die Zukunft. Um die Anlage pro Person günstiger zu realisieren, ist die Möglichkeit des Zusammenschlusses mehrerer Familien für eine größere, gemeinsam genutzte Anlage das wahrscheinlich wirtschaftlich Sinnvollste. Die genaue Betrachtung verschiedener Angebote lohnt sich, da auch die vermeintlich besseren Kollektoren eine ähnliche Effizienz haben und preislich nicht unbedingt teurer sind. Der Vergleich, welche Kollektoren für welche Umgebung und welchen Randbedingungen (Vor-Ort kaufbar oder muss es geliefert werden) geeigneter sind, ist immer wieder von Fall zu Fall neu zu entscheiden. In dem oben genannten Beispiel wäre das Set günstiger. Preislich ist es etwas günstiger, wie auch die Masse, die transportiert werden müsste.

Die Betrachtung dieser erneuerbaren Energie hat mir persönlich viel Freude bereitet. Auch wenn die zugrunde liegende Technik schon älter ist, war mir diese Art der Energiegewinnung nicht unmittelbar präsent. Das Modul „Erneuerbare Energien" konnte mir, durch die praktische Anwendung während der Präsenzzeit und das herausarbeiten eines Beispiels in der Hausarbeit, viel von der Thematik aufzeigen, so dass mein Wissen in diesem Bereich umfänglicher geworden ist.

Literaturverzeichnis

AG ENERGIEBILANZEN: *Entwicklung des Endenergieverbrauchs der privaten Haushalte.* URL https://www.umweltbundesamt.de/sites/default/files/medien/384/bilder/dateien/2_abb_ent wicklung-eev-ph_2018-02-23.pdf – Überprüfungsdatum 2019-02-22

AGENTUR FÜR ERNEUERBARE ENERGIEN: *Renews Spezial* (2011), Nr. 51. URL http://www.unendlich-viel-energie.de/media/file/154.51_Renews_Spezial_Versorgungssicherheit_online.pdf – Überprüfungsdatum 2019-02-22

AGENTUR FÜR ERNEUERBARE ENERGIEN: *Erneuerbare Energien Allgemein.* URL https://www.unendlich-viel-energie.de/themen/faq/faq-erneuerbare-energien-allgemein/faq-erneuerbare-energien-allgemein2 – Überprüfungsdatum 2019-02-21

CO2ONLINE: *Fördergeld : für Klimaschutz, Energieeffizienz und erneuerbare Energien Private Haushalte – Unternehmen – öffentliche Einrichtungen.* URL https://www.co2online.de/fileadmin/co2/Multimedia/Broschueren_und_Faltblaetter/co2onl ine-foerdergeld-broschuere.pdf – Überprüfungsdatum 2019-02-22

CO2ONLINE: *Technik: Funktionsweise & Arten von Solarthermieanlagen.* URL https://www.co2online.de/modernisieren-und-bauen/solarthermie/technik-funktionsweise-von-solarthermie/ – Überprüfungsdatum 2019-02-22

CO2ONLINE: *Solarthermie: Aufbau und Module.* URL https://www.co2online.de/modernisieren-und-bauen/solarthermie/technik-funktionsweise-von-solarthermie/ – Überprüfungsdatum 2019-02-22

CO2ONLINE: *Solarthermie planen.* URL https://www.co2online.de/modernisieren-und-bauen/solarthermie/solarthermie-planen/ – Überprüfungsdatum 2019-03-07

COOLAR: *Electricity-independent medical refrigerators.* URL http://coolar.co/ – Überprüfungsdatum 2019-03-05

DIHK FÜR DAS SÜDLICHE AFRIKA: *Factsheet Namibia.* URL https://www.german-energy-solutions.de/GES/Redaktion/DE/Publikationen/Kurzinformationen/2017/fs_namibia_2017.pdf?__blob=publicationFile&v=3 – Überprüfungsdatum 2019-03-08

FISCH, Manfred Norbert: *Solare Nahwärme : eine Option für die zukünftige Energieversorgung im Siedlungsbereich.* URL http://www.fvee.de/fileadmin/publikationen/Themenhefte/th1998/th1998_02_15.pdf – Überprüfungsdatum 2019-03-05

KESSELHELD GMBH: *Heizwert von Heizöl im Vergleich mit anderen Energieträgern.* URL https://www.kesselheld.de/heizwert-heizoel/ – Überprüfungsdatum 2019-03-08

MOUCHOT, Augustin ; GRIESE, Friedrich ; WEBER, Rudolf: *Die Sonnenwärme und ihre industriellen Anwendungen.* Oberbözberg, Schweiz : Olynthus, 1987 (Alte Forscher - aktuell 1)

OFENSEITE.COM: *Solarthermie.* URL https://www.ofenseite.com/solarthermie – Überprüfungsdatum 2019-03-05

OFENSEITE.COM: *9 m² Solarthermie Paket ohne Speicher.* URL https://www.ofenseite.com/41000013-10qm-solarthermie-paket-ohne-speicher – Überprüfungsdatum 2019-03-07

OFENSEITE.COM: *Kombispeicher 1000l inkl. 1x Wärmetauscher.* URL https://www.ofenseite.com/6100015-kombispeicher-1000l-inkl-1-waermetauscher – Überprüfungsdatum 2019-03-07

OFENSEITE.COM: *Zweistrang Solarstation Orkli mit Hocheffizienzpumpe.* URL https://www.ofenseite.com/Solar-Solarstation-Zweistransolarstation-Hocheffizienspumpe- – Überprüfungsdatum 2019-03-07

PÖHL, Alexander: *Wärmepumpen – Heizen und Kühlen mit der Natur.* URL https://www.heizung-badsanierung-regensburg.de/waermepumpe-austausch-einbau-reparatur/ – Überprüfungsdatum 2019-03-06

QUASCHNING, Volker: *Regenerative Energiesysteme : Technologie – Berechnung – Simulation.* 7. Aufl. : Hanser, 2011

SHELL: *WIE SICH DER HEIZÖLPREIS ZUSAMMENSETZT.* URL https://heizoel.shell.de/heizoelpreis/wie-sich-der-heizoelpreis-zusammensetzt.html – Überprüfungsdatum 2019-03-08

SOLARANLAGE RATGEBER: *Solarenergie Entwicklung.* URL https://www.solaranlage-ratgeber.de/solarenergie/solarenergie-entwicklung – Überprüfungsdatum 2019-02-21

STATISTA: *Anzahl der Sonnenstunden in Deutschland nach Bundesländern im Jahr 2018.* URL https://de.statista.com/statistik/daten/studie/249925/umfrage/sonnenstunden-im-jahr-nach-bundeslaendern/ – Überprüfungsdatum 2019-03-06

STATISTA: *Jahre mit der höchsten Durchschnittstemperatur in Deutschland von 1881 bis 2018 (in Grad Celsius).* URL https://de.statista.com/statistik/daten/studie/164050/umfrage/waermste-jahre-in-deutschland-nach-durchschnittstemperatur/ – Überprüfungsdatum 2019-03-06

UNIVERSITÄT KÖLN: *Digitaler Atlas von Namibia.* URL http://www.uni-koeln.de/sfb389/e/e1/download/atlas_namibia/e1_download_climate.htm#sunshine_1 – Überprüfungsdatum 2019-03-06

VALENTIN SOFTWARE GMBH: *Valentin Energiesoftware.* URL http://valentin.de/calculation/thermal/system/ww/de# – Überprüfungsdatum 2019-03-08

VERBRAUCHERZENTRALE: *Solarthermie: Solarwärme für Warmwasser und Heizung.* URL https://www.verbraucherzentrale.de/wissen/energie/erneuerbare-energien/solarthermie-solarwaerme-fuer-warmwasser-und-heizung-5568 – Überprüfungsdatum 2019-03-07

VIESSMANN: *Solarthermie - Grundlagen der Auslegung.* URL https://www.viessmann.de/de/wohngebaeude/fachwissen-solarthermie/fachwissen-solarthermie-auslegung.html – Überprüfungsdatum 2019-03-07

VIESSMANN: *Wärmepumpe – einfaches Prinzip, effektive Wirkung.* URL https://www.viessmann.de/de/wohngebaeude/welche-heizung/waermepumpen.html – Überprüfungsdatum 2019-03-06

WEYRES-BORCHERT, Bernhard: *Solare Kühlung : TEIL 1: GRUNDLAGEN.* URL https://www.sonnenenergie.de/index.php?id=30&no_cache=1&tx_ttnews%5Btt_news%5D=137 – Überprüfungsdatum 2019-03-05

WIKIPEDIA.ORG: *Globalstrahlung.* URL https://de.wikipedia.org/wiki/Globalstrahlung – Überprüfungsdatum 2019-03-06

WIRTSCHAFTSMINISTERIUM BADEN-WÜRTTEMBERG / ITW: *Flachkollektoren Wirkungsgrad.*
URL https://www.solaranlagen-portal.com/solarthermie/kollektoren/flachkollektor –
Überprüfungsdatum 2019-02-22